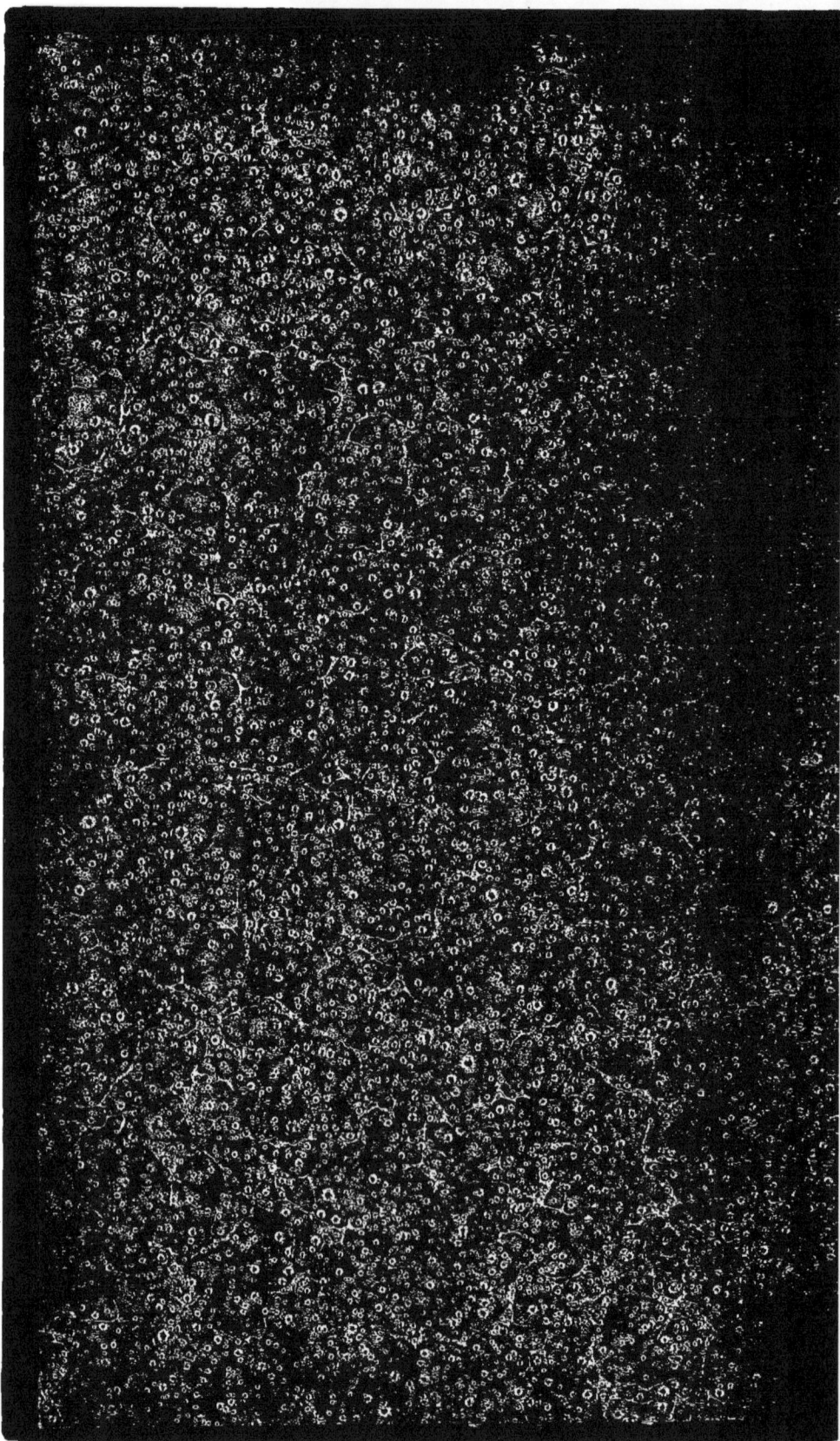

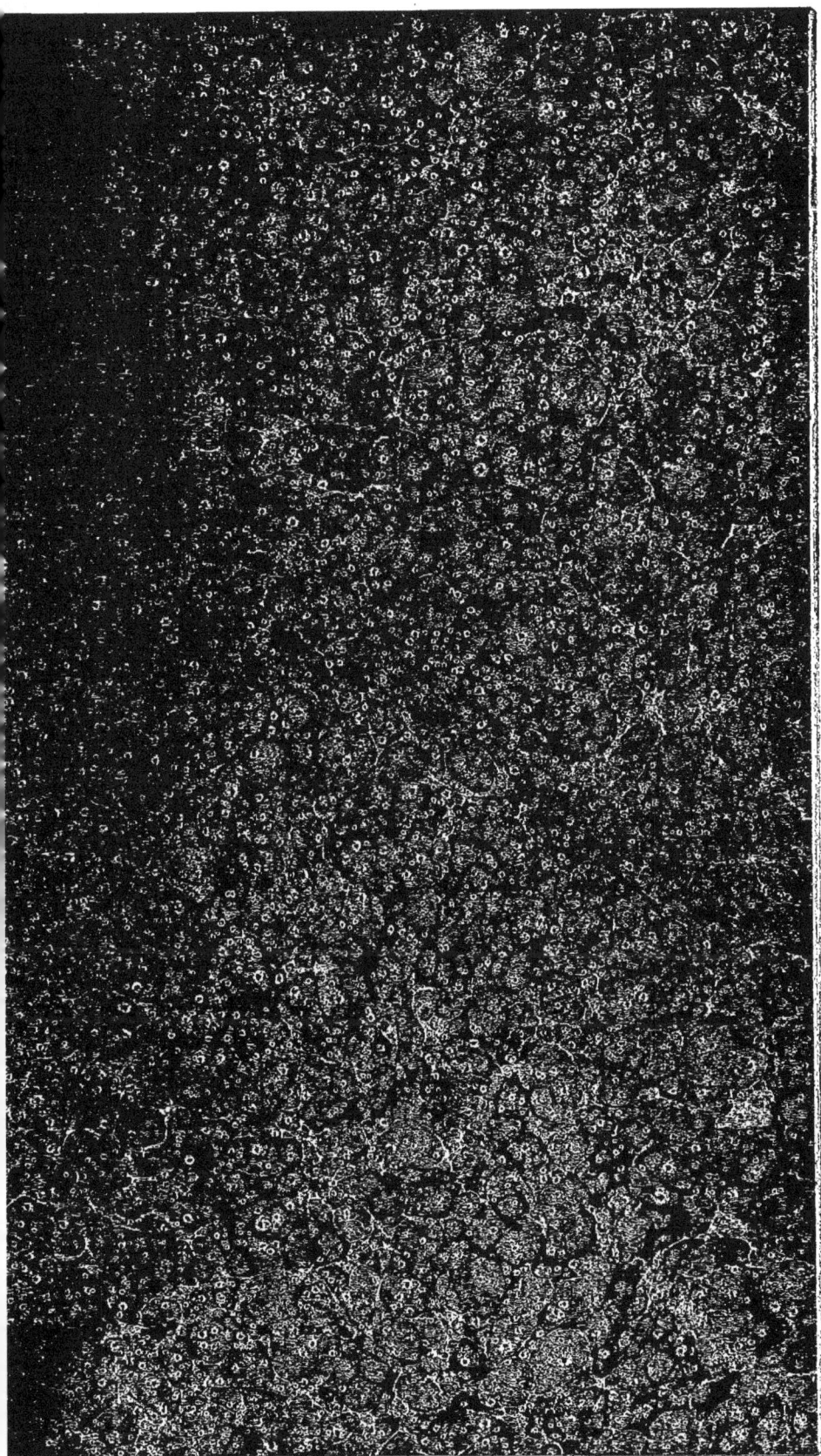

31170

ÉLÉMENTS

DE

GÉOMÉTRIE DESCRIPTIVE

———

PLANCHES

DE L'IMPRIMERIE DE CRAPELET

RUE DE VAUGIRARD, 9

ELÉMENTS

DE

GÉOMÉTRIE DESCRIPTIVE

PAR

J. BABINET

ANCIEN ÉLÈVE DE L'ÉCOLE POLYTECHNIQUE
MEMBRE DE L'INSTITUT (ACADÉMIE DES SCIENCES) ETC

PLANCHES

PARIS

LIBRAIRIE DE L. HACHETTE ET Cie

RUE PIERRE-SARRAZIN, N° 14

(Quartier de l'École de Médecine)

1850

ÉLÉMENTS

DE

GÉOMÉTRIE DESCRIPTIVE.

PLANCHES.

1.

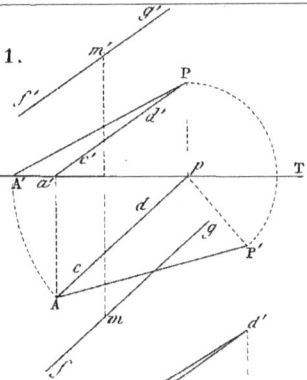

4.

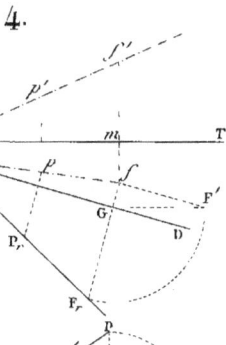

2.

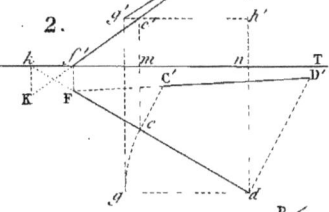

5.

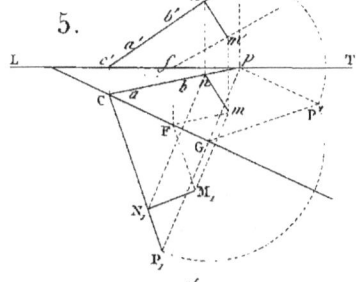

3.

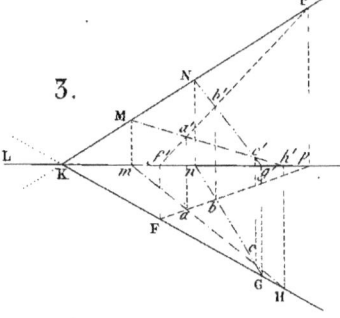

6.

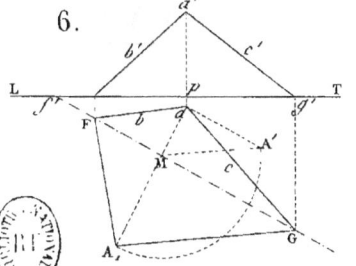

…airie de L. Hachette et Cⁱᵉ à Paris.   Planches gravées par E. Wormser.

2.

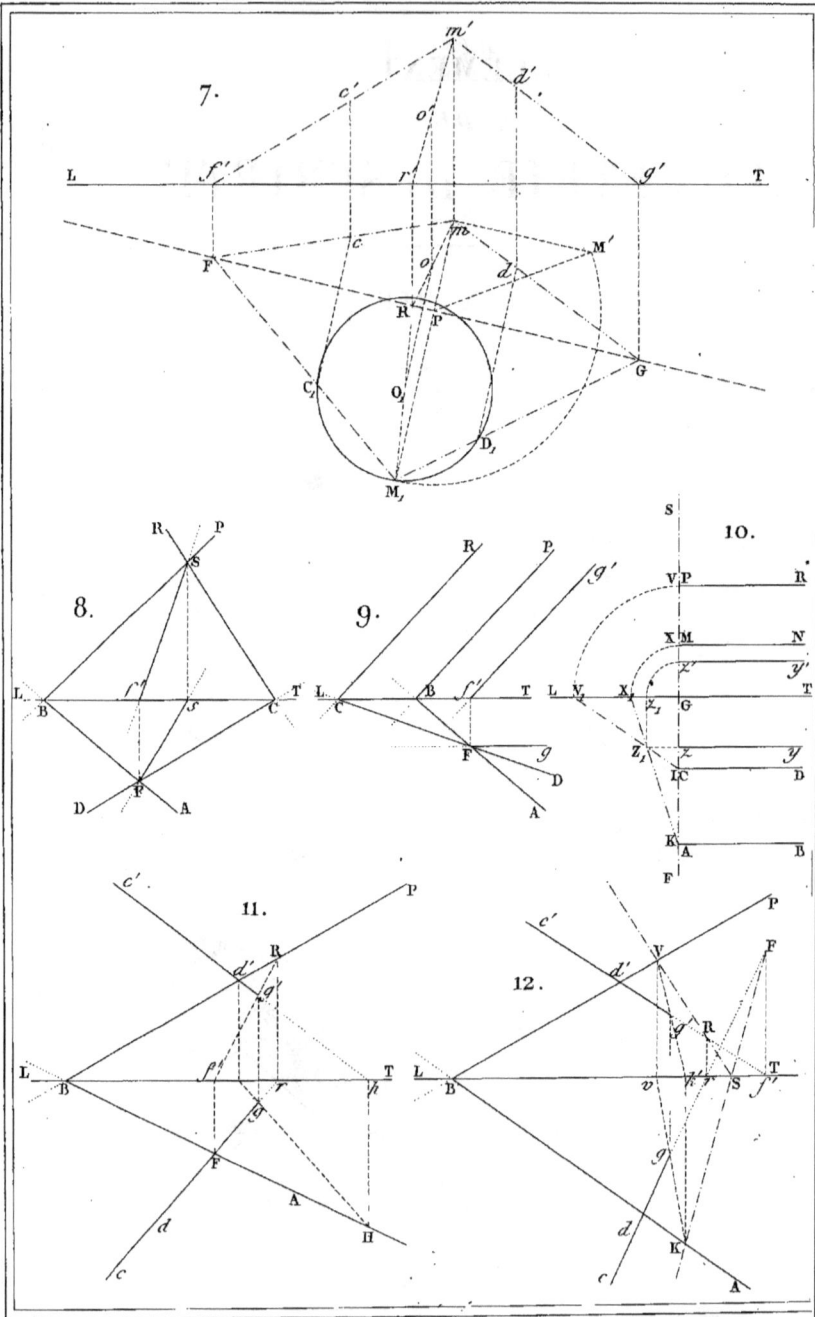

7.

8.

9.

10.

11.

12.

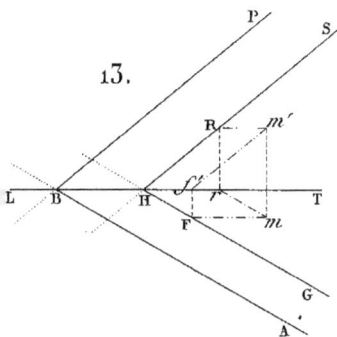

13.

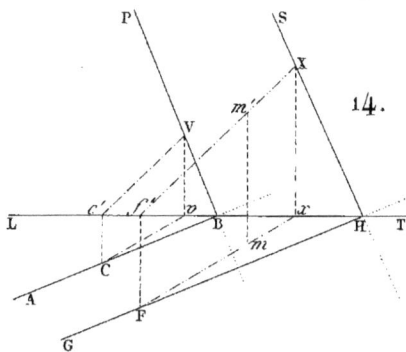

14.

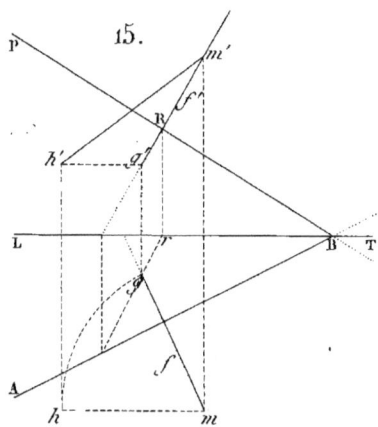

15.

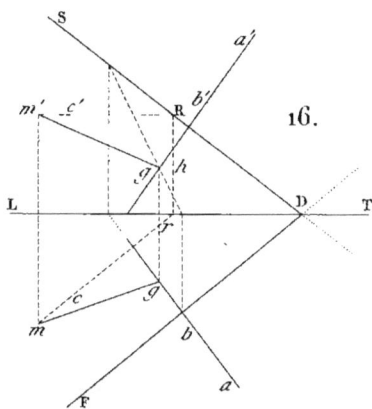

16.

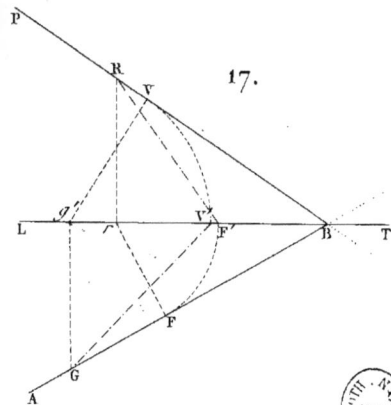

17.

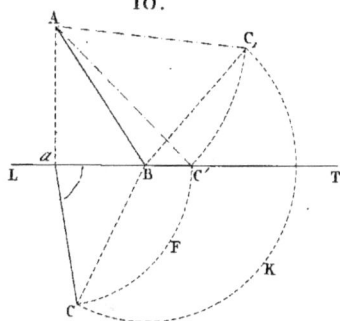

18.

4.

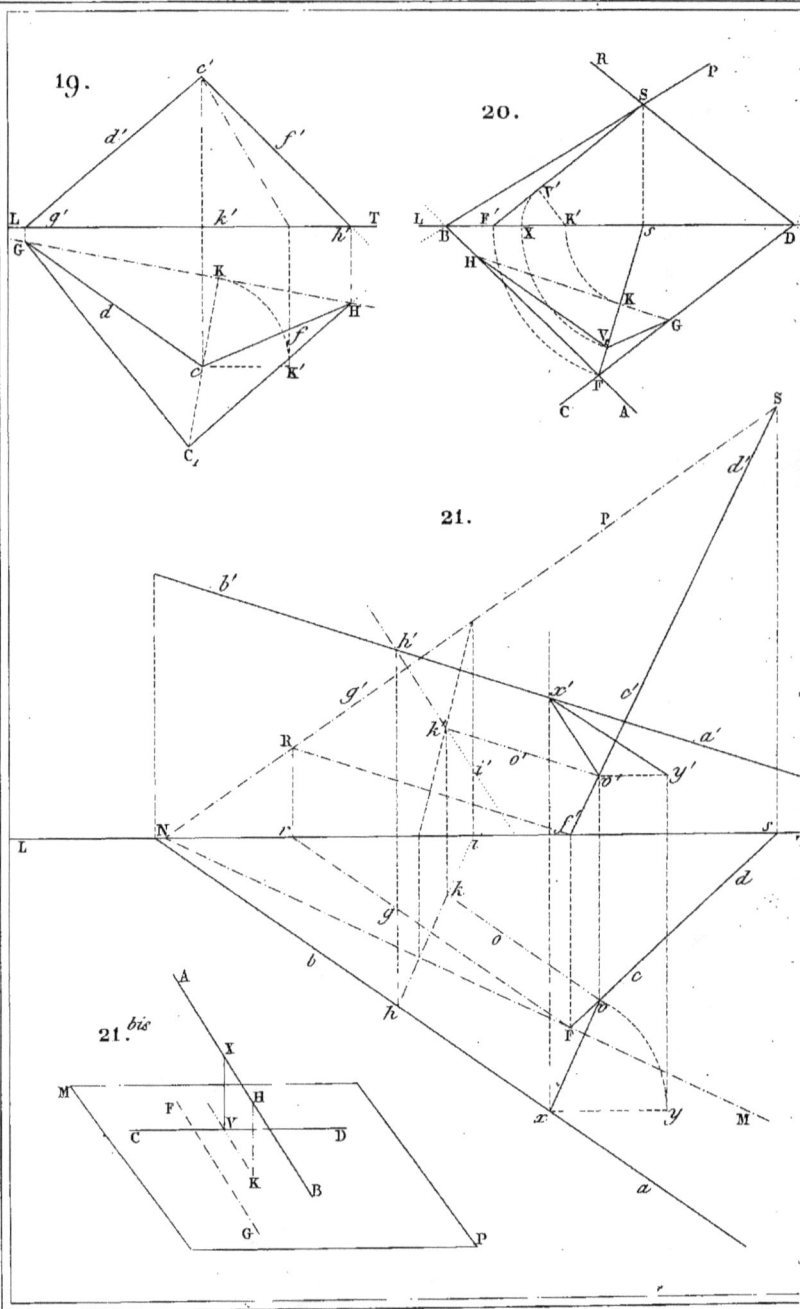

19.

20.

21.

21.bis

Librairie de L. Hachette et Cie

22.

23.

24.

25.

26.

27.

6.

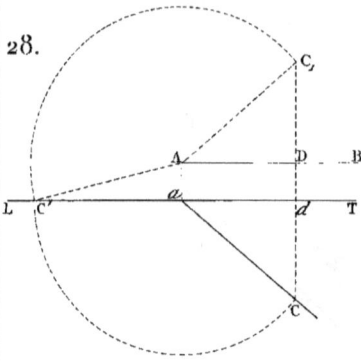

28.

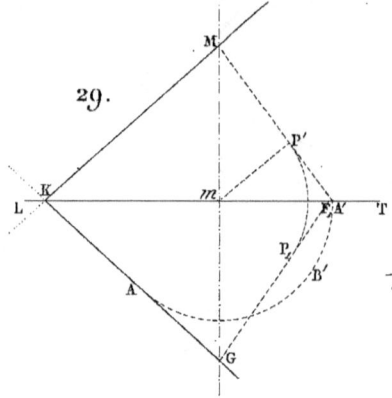

29.

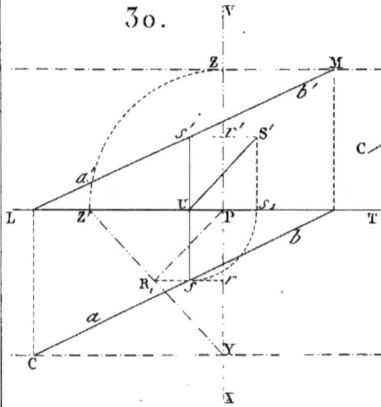

30.

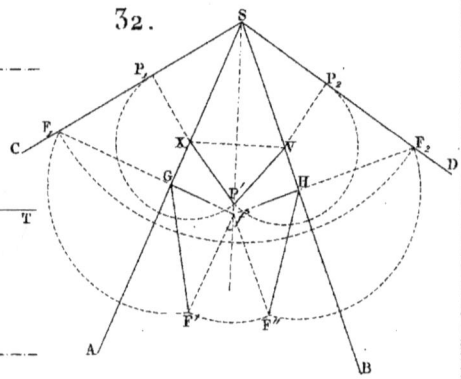

32.

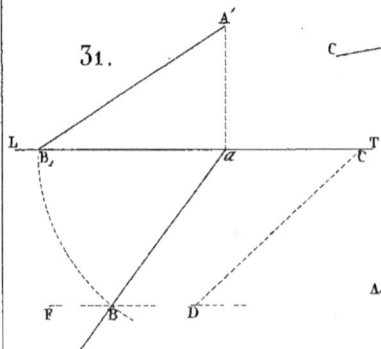

31.

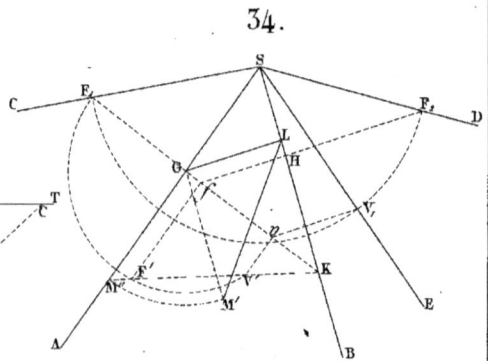

34.

Librairie de L. Hachette et Cie.

33.

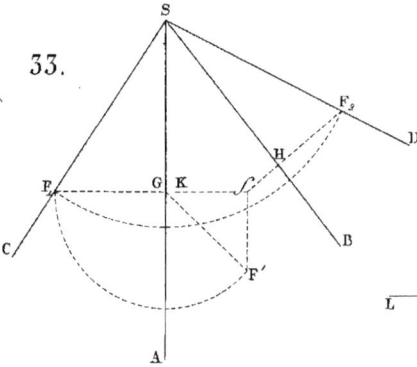

35.

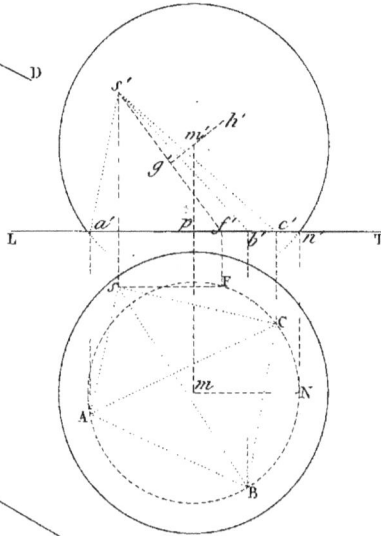

36.

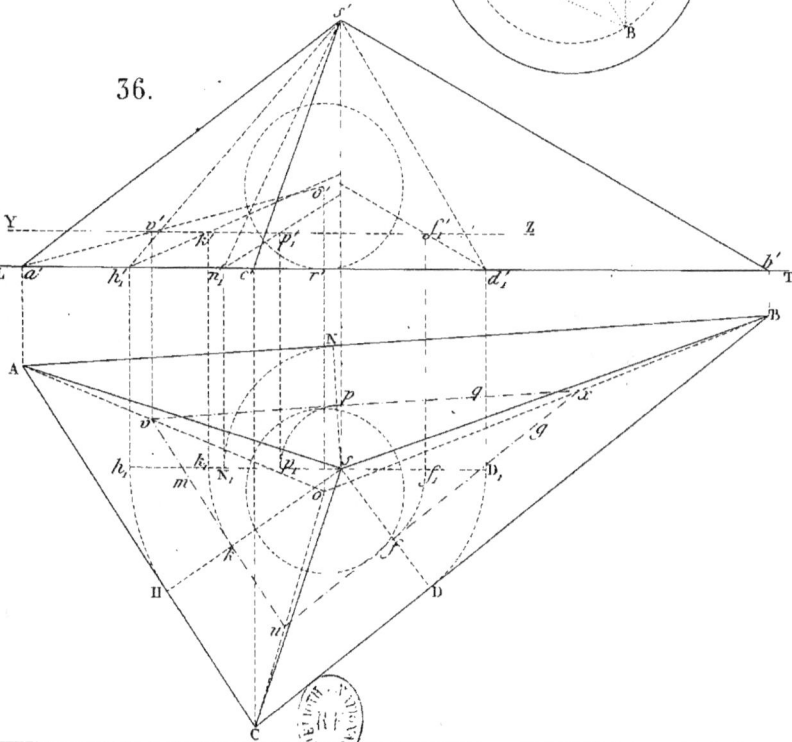

8.

37.

38.

Librairie de L. Hachette et Cⁱᵉ

39.

40.

41.

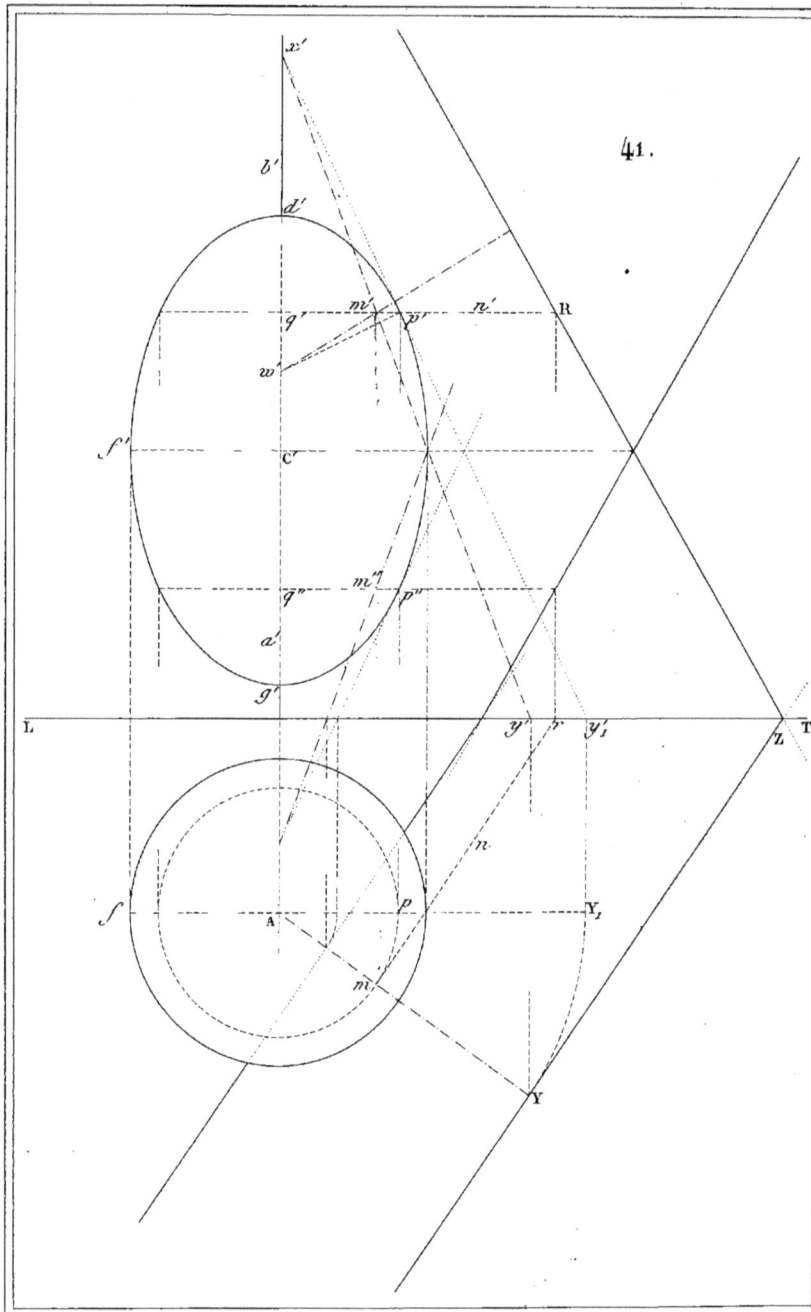

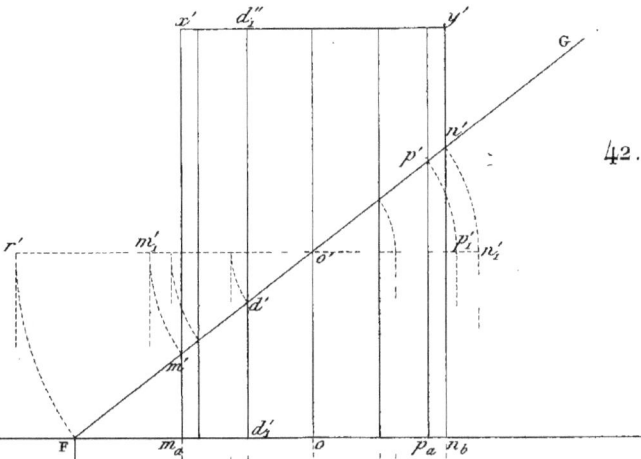

42.

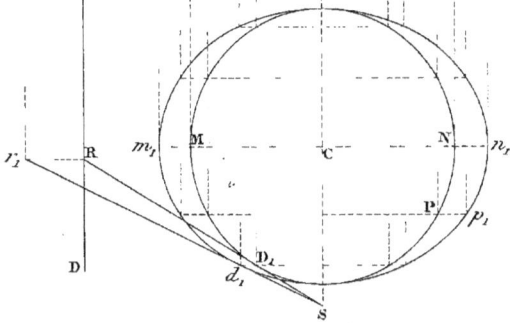

43.

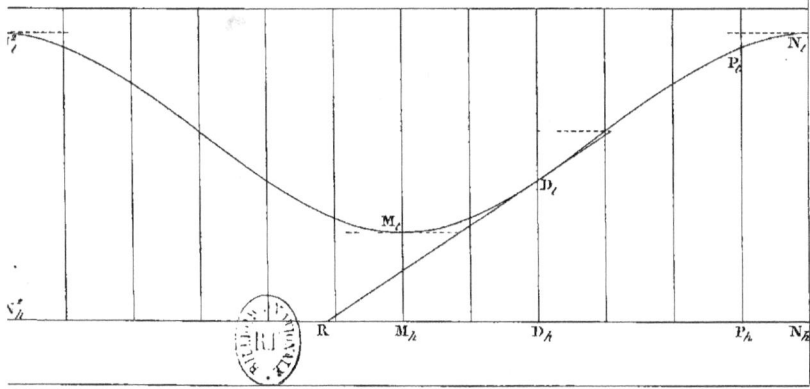

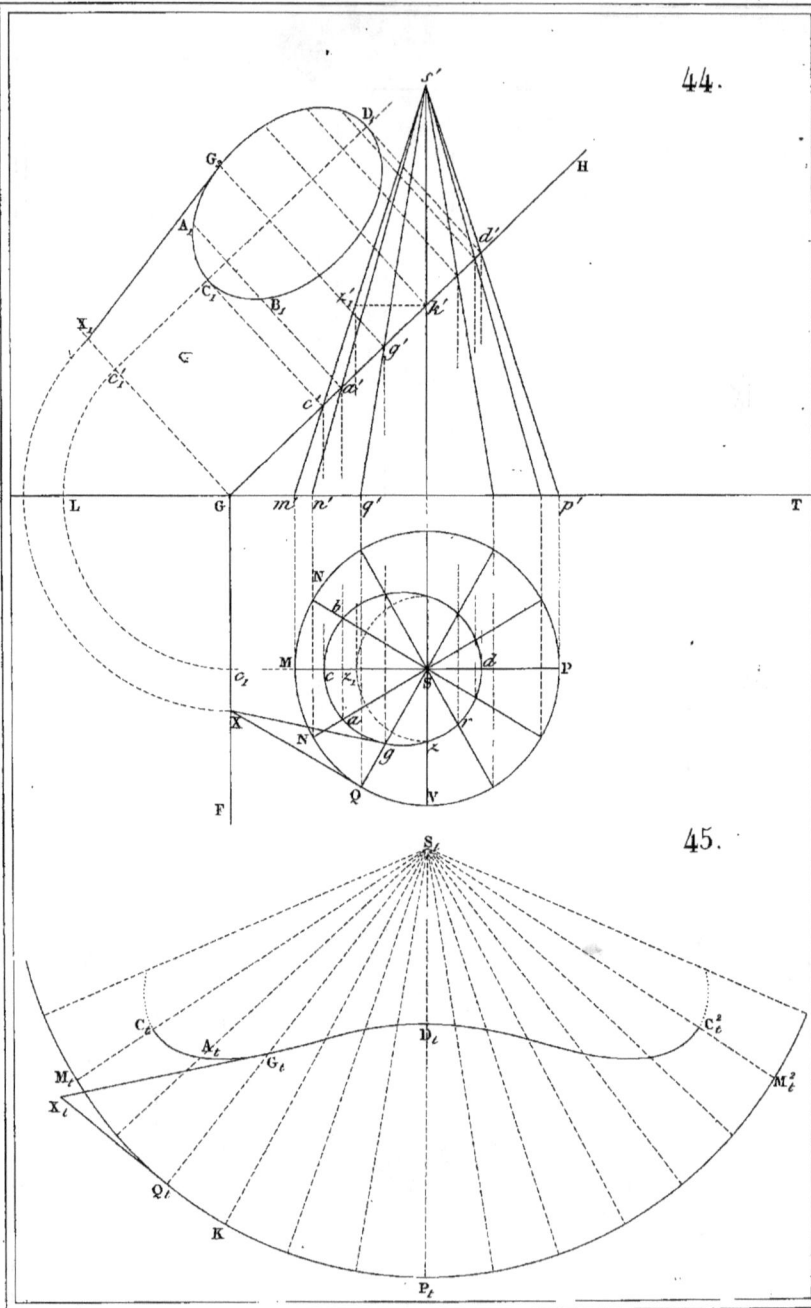

INTERSECTION D'UN CÔNE DROIT PAR UN PLAN.

Librairie de L. Hachette et C.ᵉ

46.

47.

48.

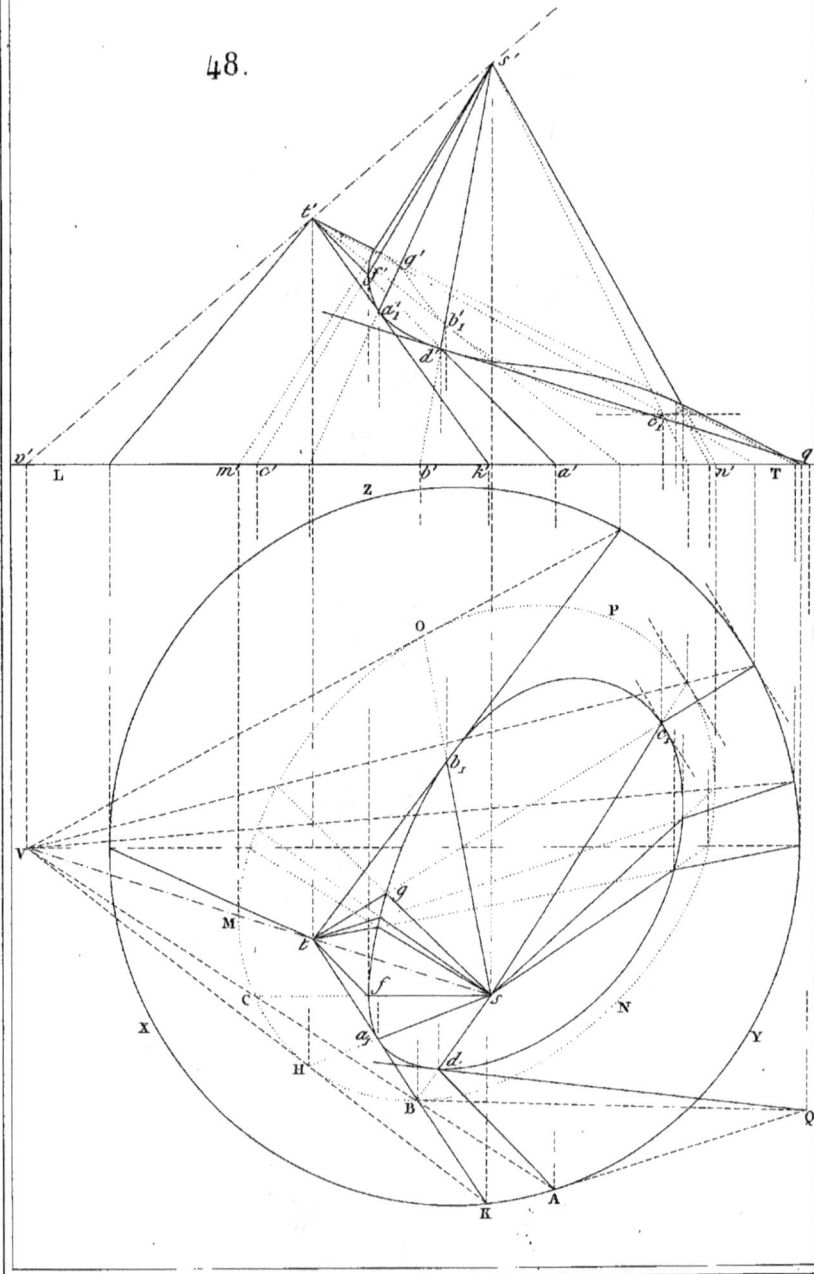

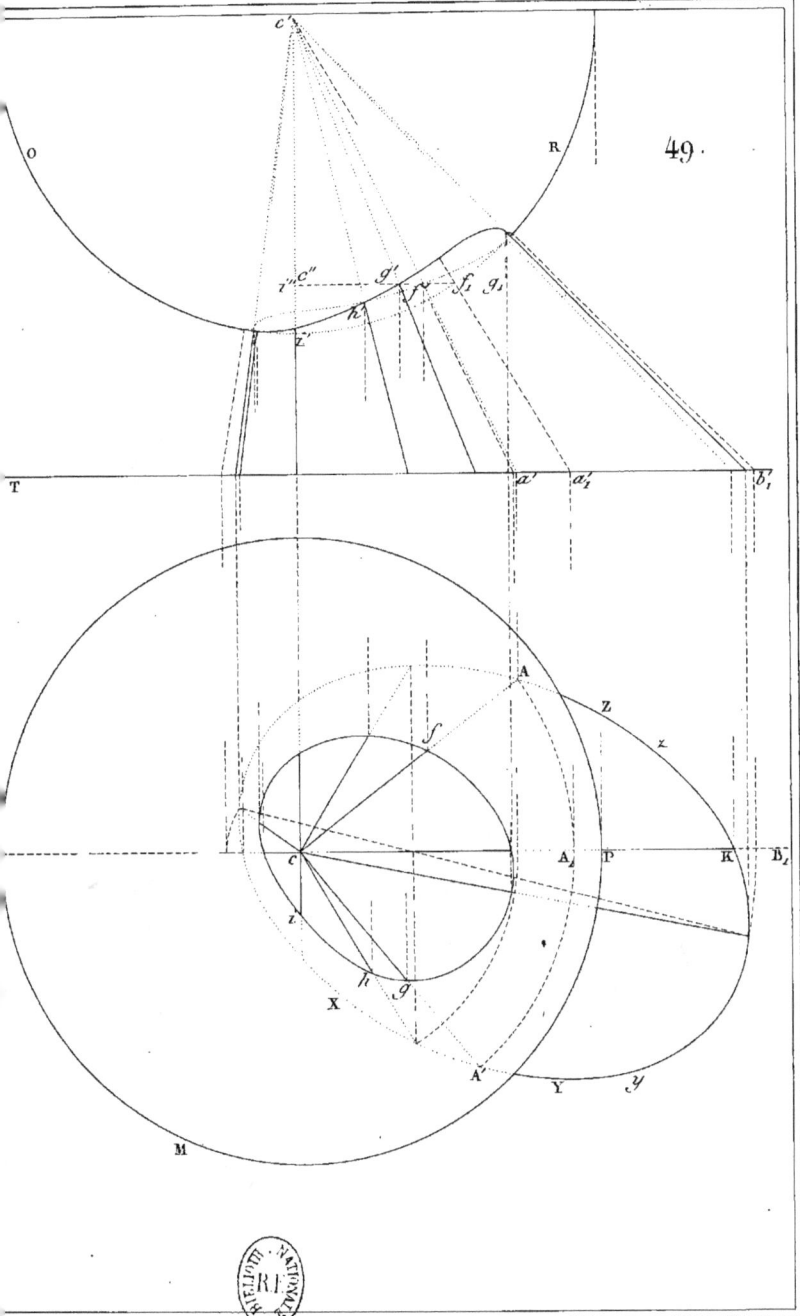

49.

RF

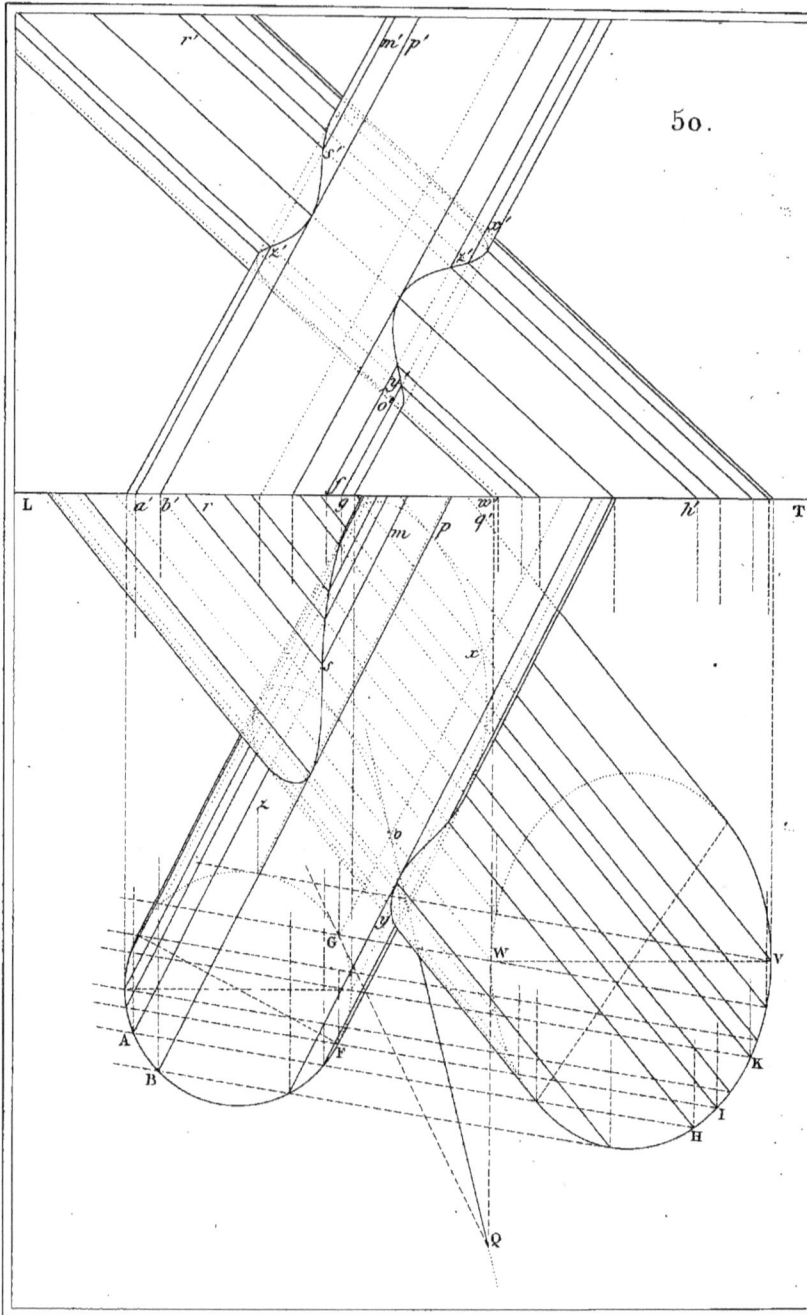

50.

Librairie de L. Hachette et C.ie

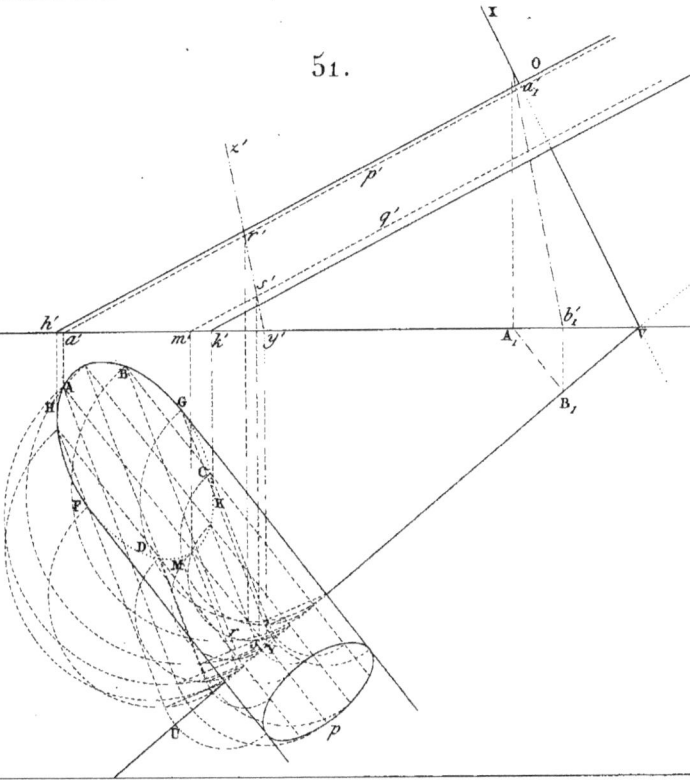

51.

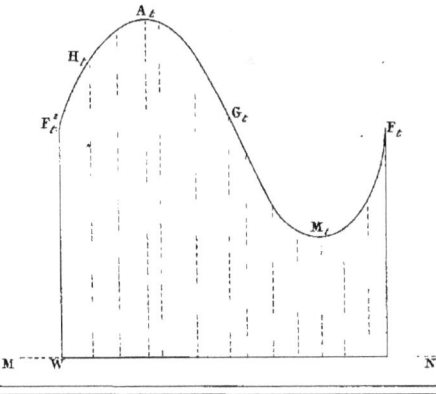

51.bis

Librairie de L. Hachette et Cie

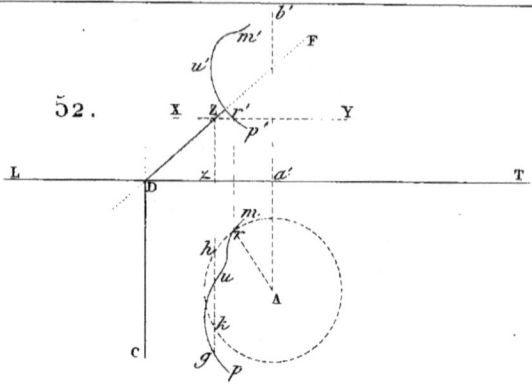

52.

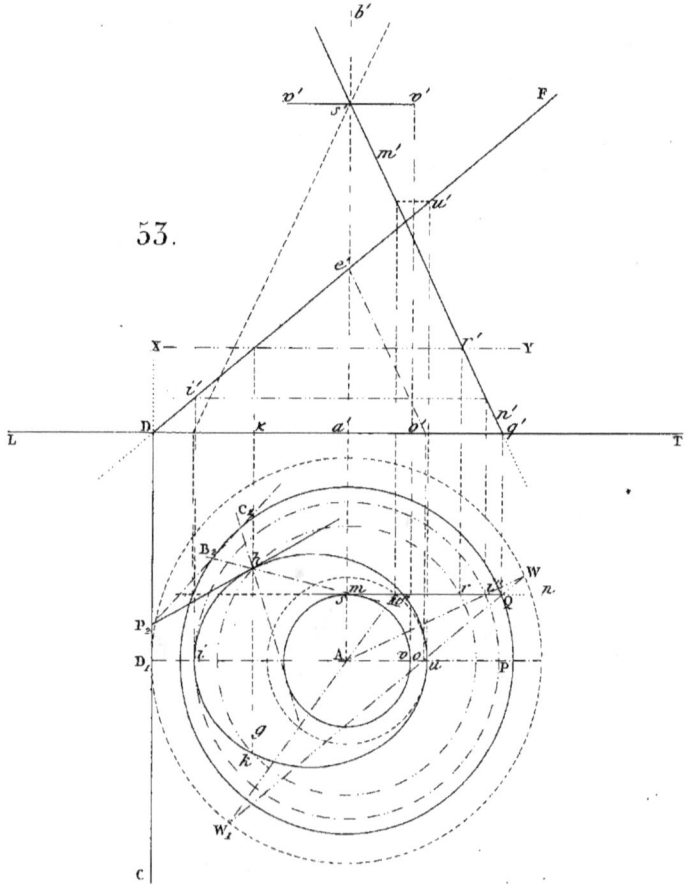

53.

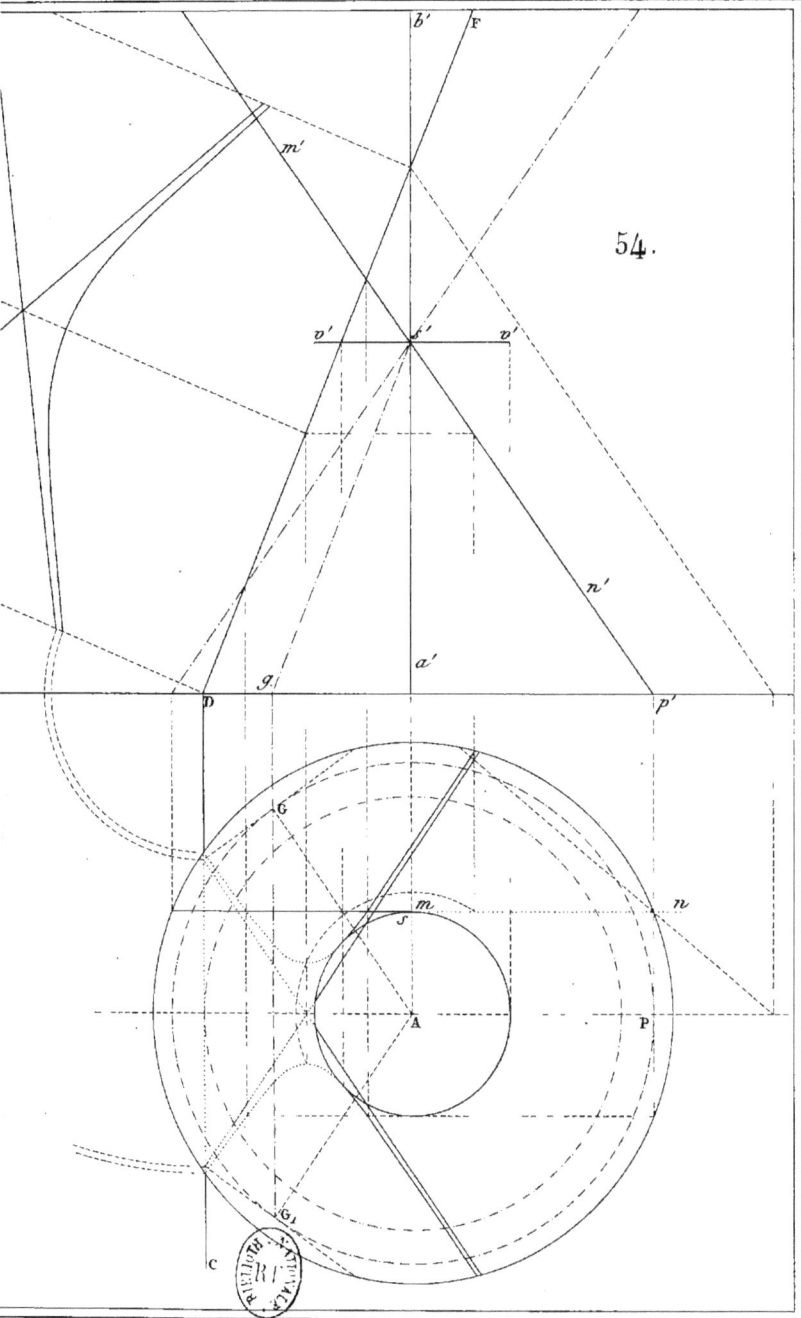

54.

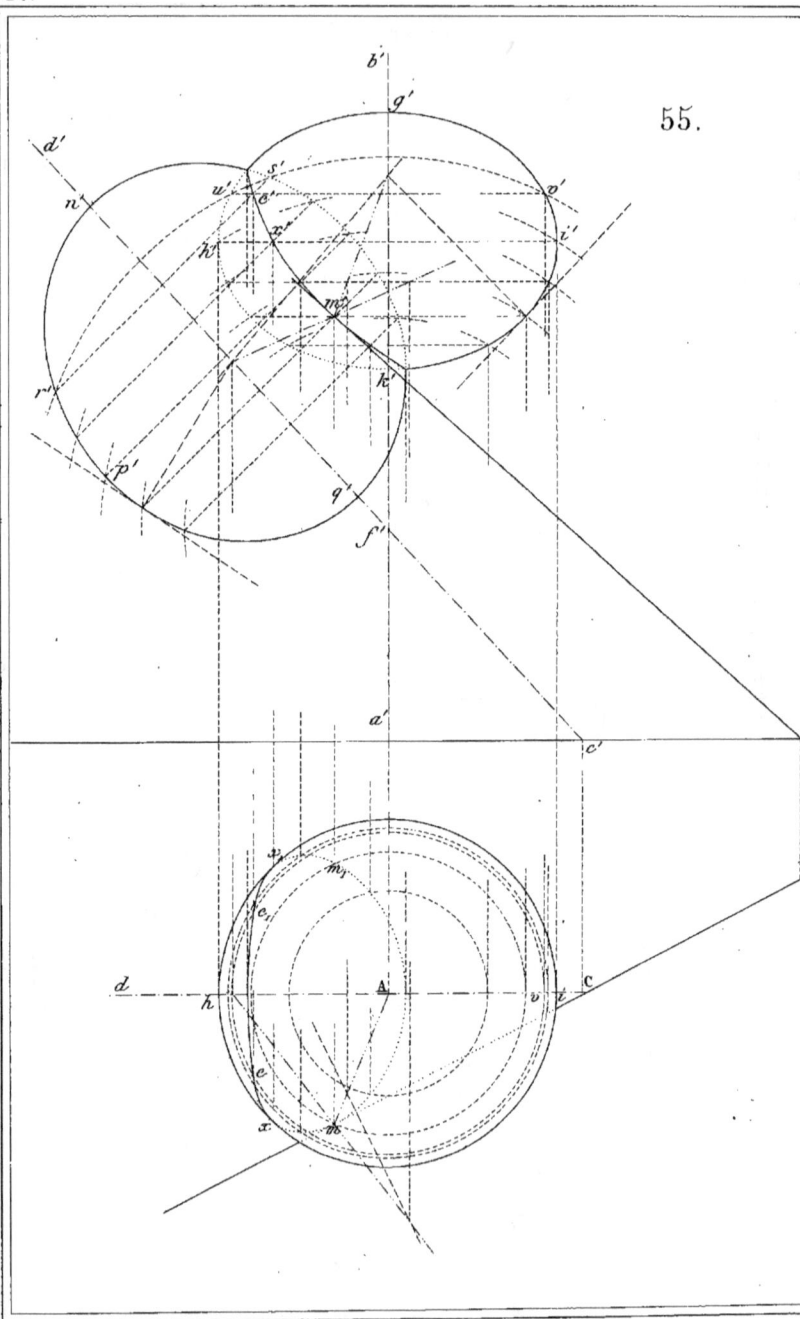

55.

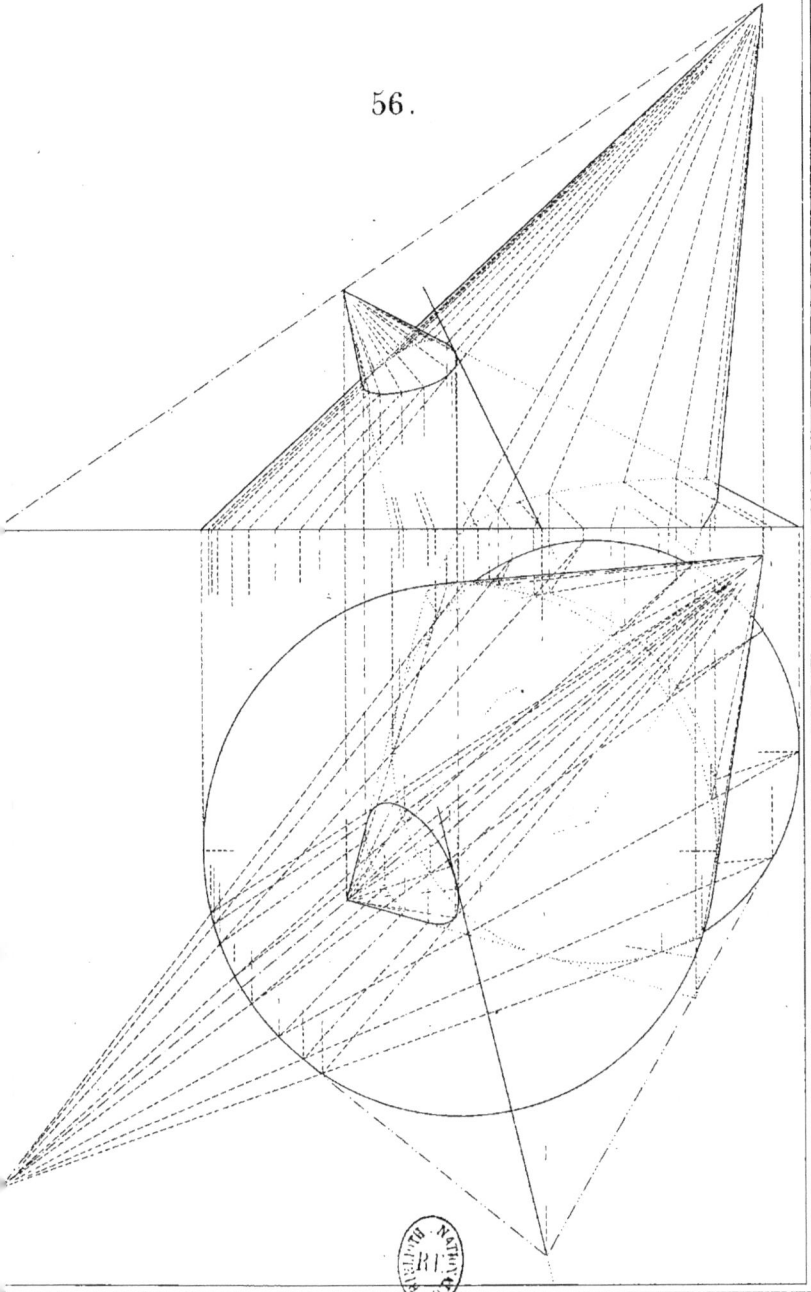

56.

Librairie de L. Hachette et C.ie

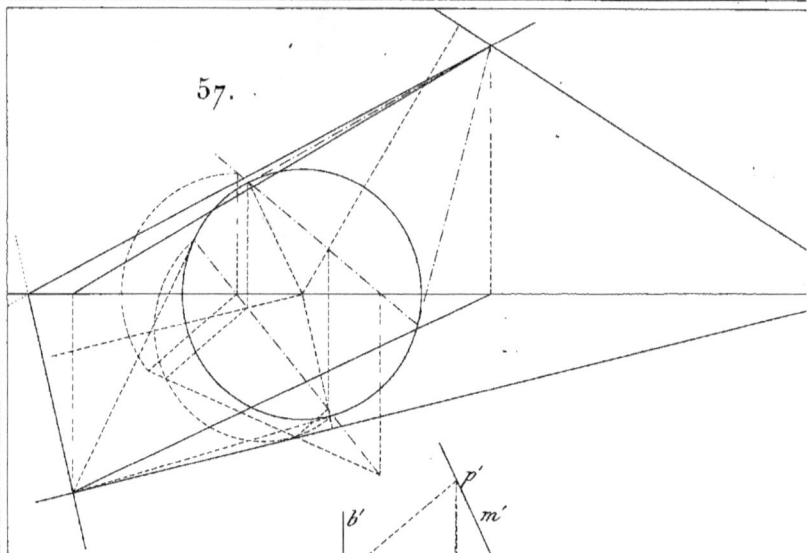

57.

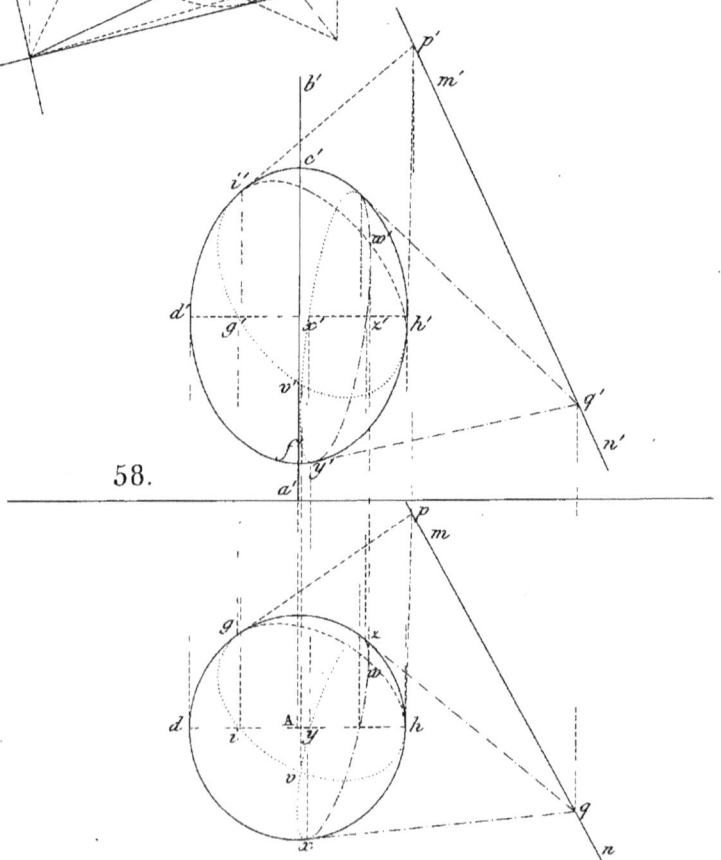

58.

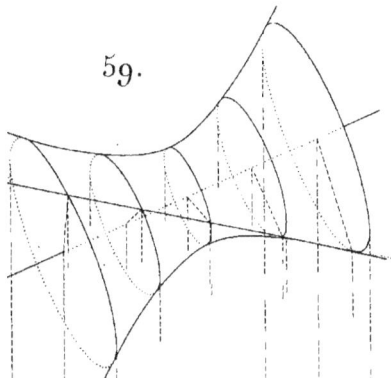

59.

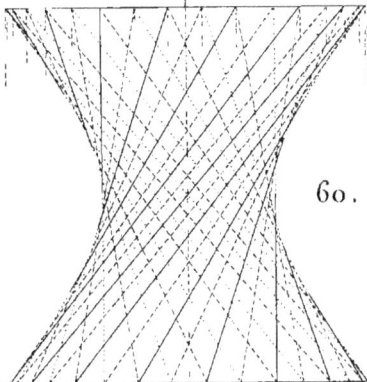

60.

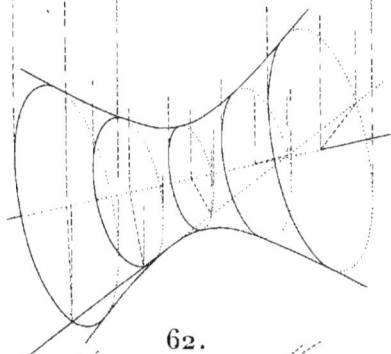

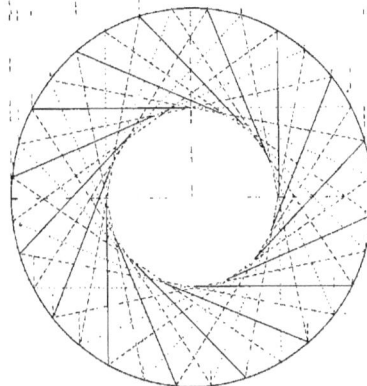

62.

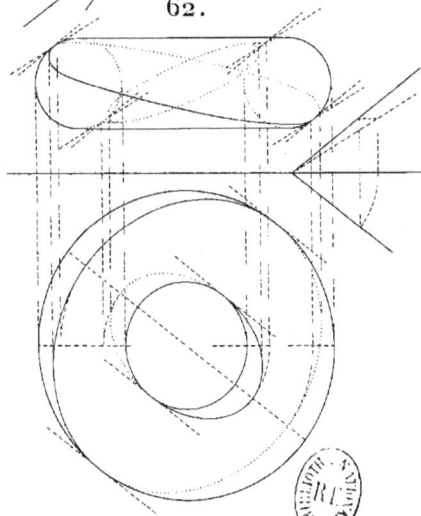

61.

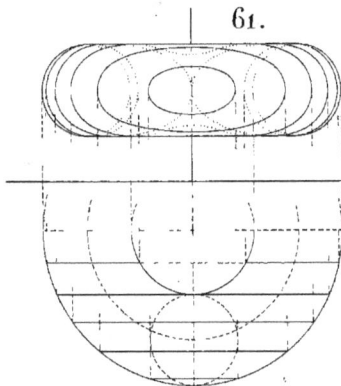

Librairie de L. Hachette et Cie.

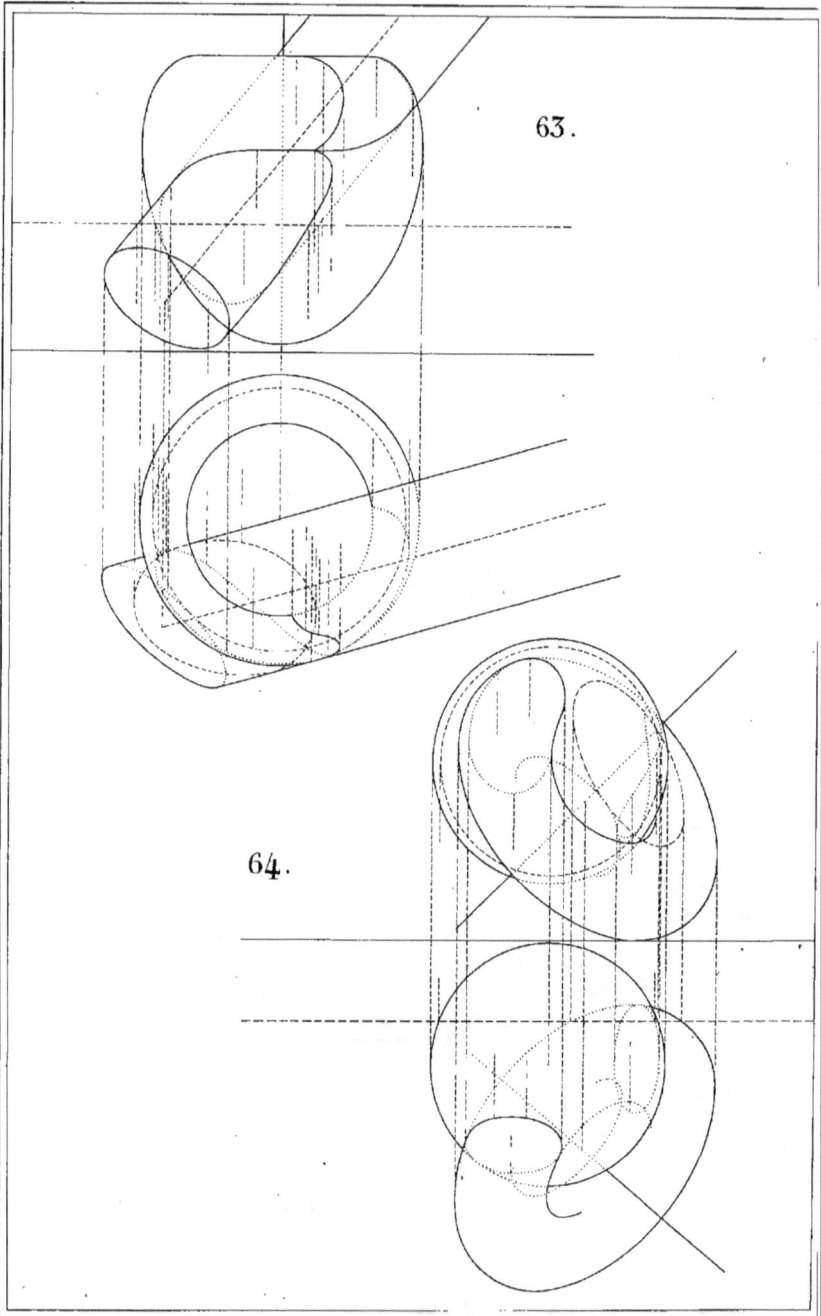

63.

64.

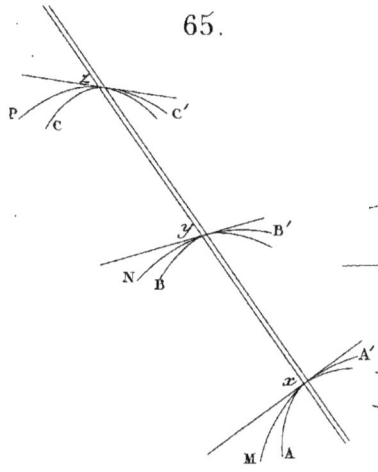

65.

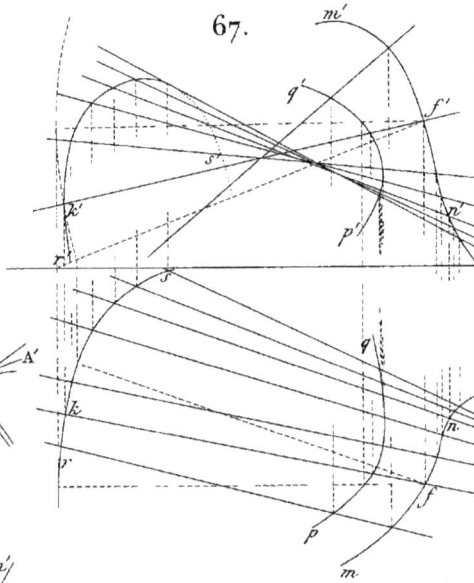

67.

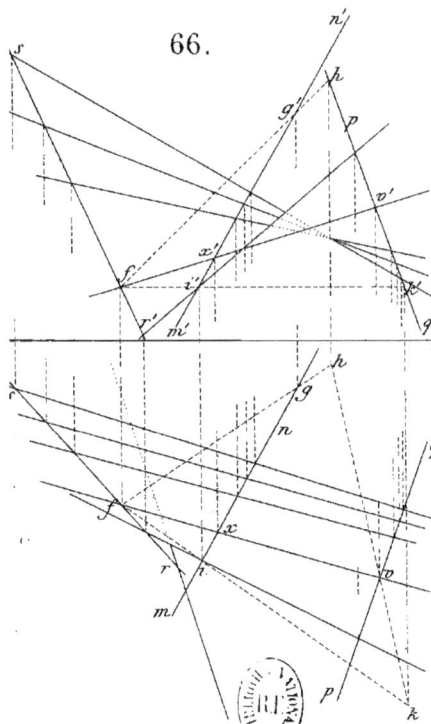

66.

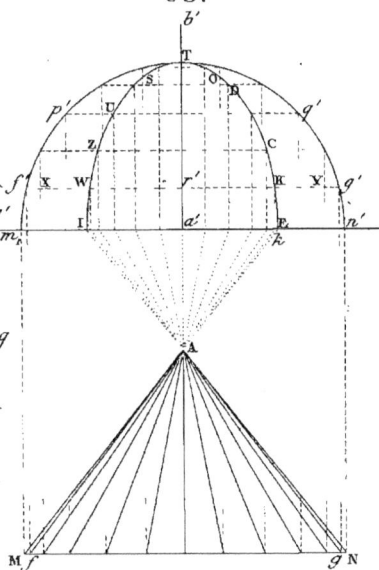

68.

Librairie de L. Hachette et C.ⁱᵉ

69.

70.

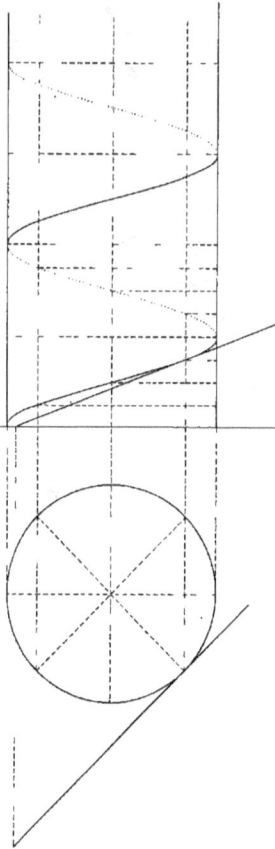

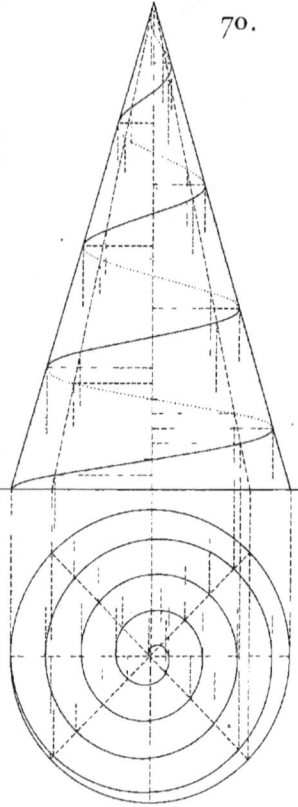

69bis

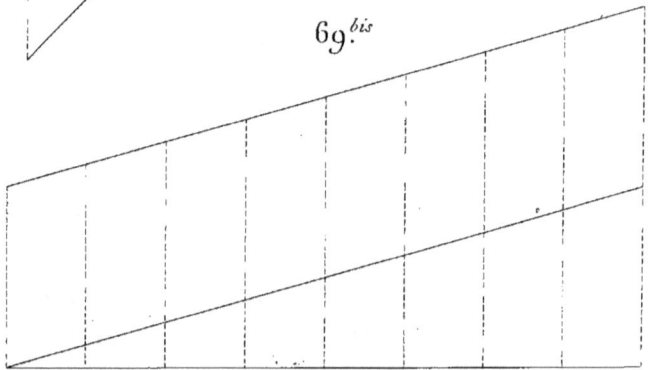

Librairie de L. Hachette et Cie.

71.

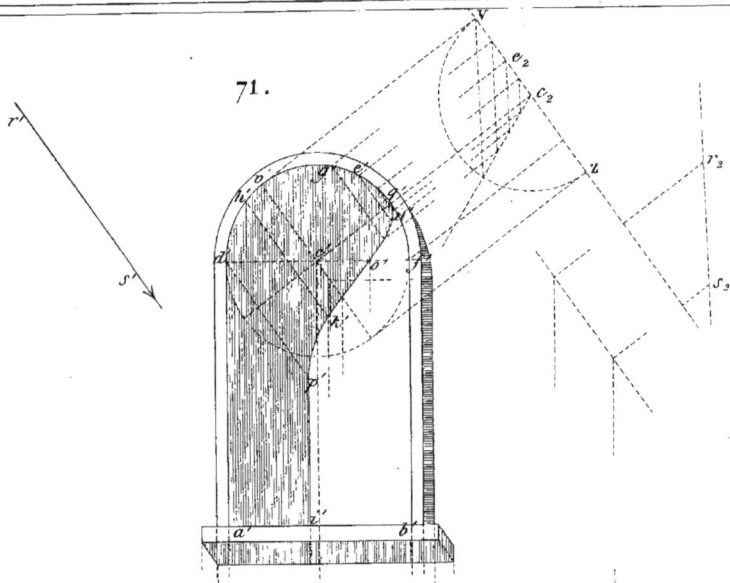

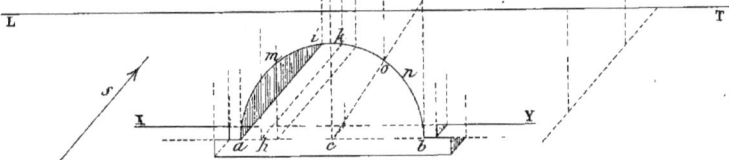

72.

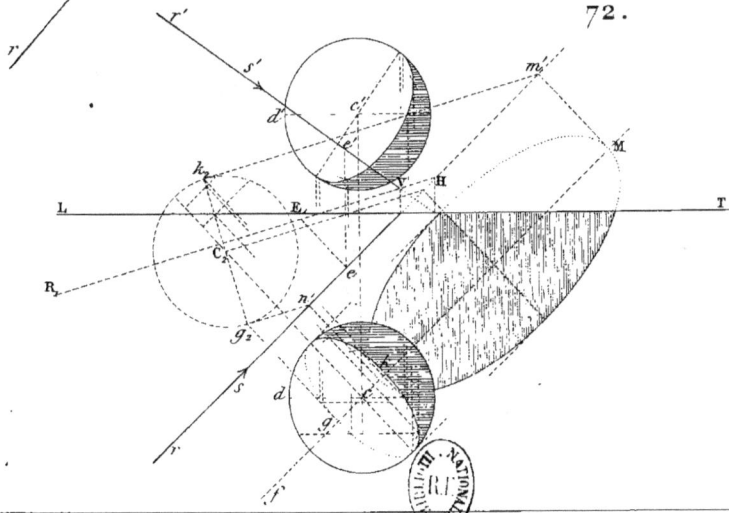

EPICYCLOÏDE SPHÉRIQUE. — PERSPECTIVE D'UNE SPHÈRE.

73.

74.

75.

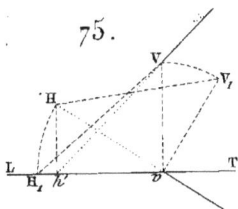

76.

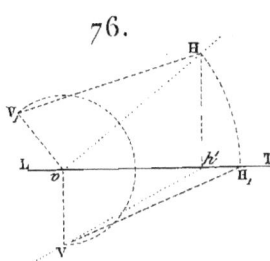

77.

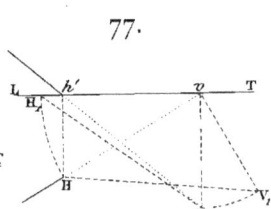

78.

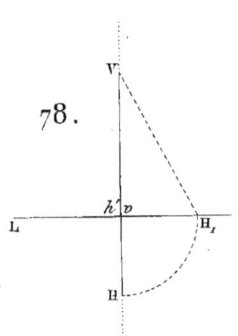

79.

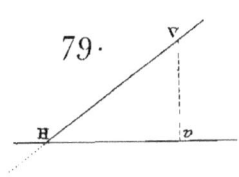

80.

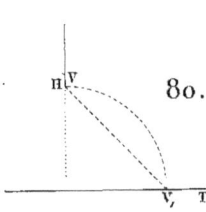

81.

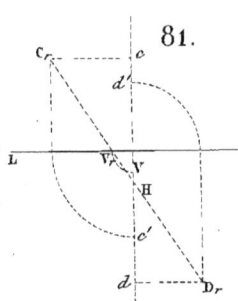

82.

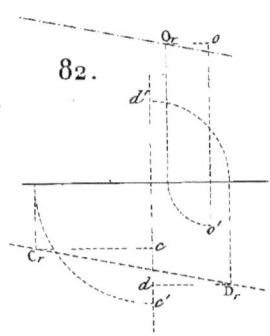

83.

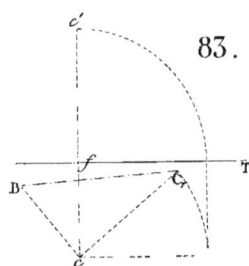

84.

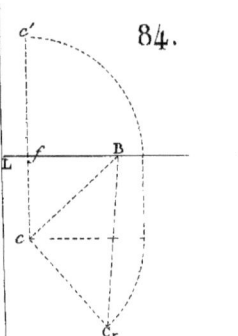

85.

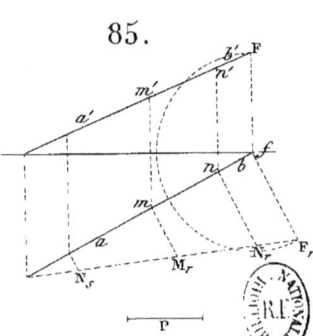

86.

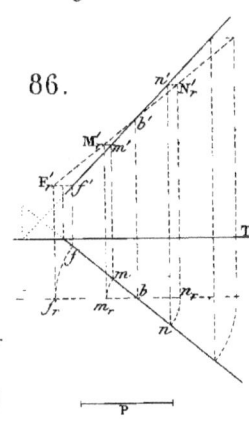

Librairie de L. Hachette et C.ie

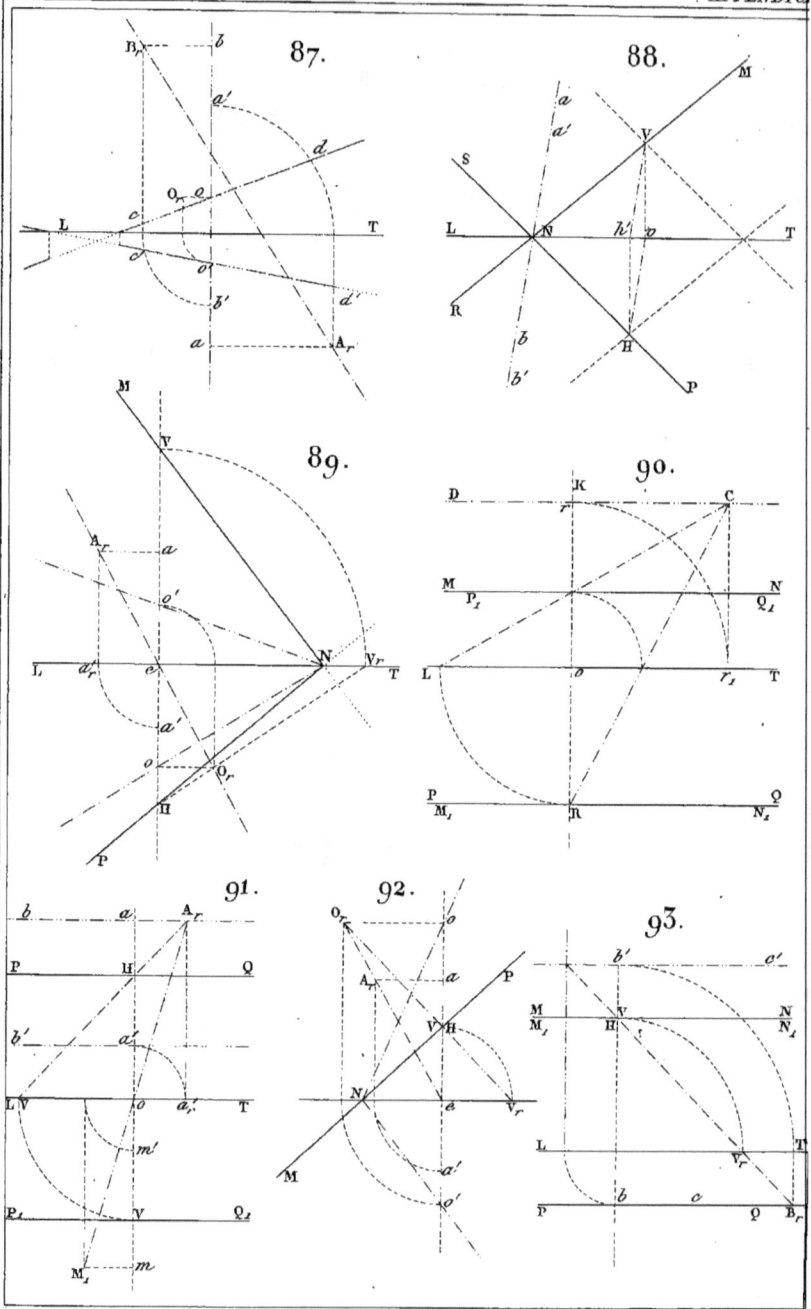

87.

88.

89.

90.

91.

92.

93.

94.

95.

96.

97.

98.

TABLE DES FIGURES.

R. F.

PLANCHE 1.

Pages du texte.

FIGURE 1. Étant donnés deux points, l'un sur le plan horizontal, l'autre sur le plan vertical, faire passer une droite par ces deux points (problème I)...................................... 27

1. Une droite étant donnée par ses projections, trouver ses traces (problème II).. *ib.*

1. Trouver la longueur d'une droite qui joint deux points donnés (problème II)... 28

1. Par un point donné, mener une parallèle à une droite donnée (problème III)... 29

2. Faire passer une droite par deux points donnés par leurs projections et trouver la longueur de la droite comprise entre ces deux points (problème IV)..................................... 30

3. Trouver les traces d'un plan qui doit passer par trois points donnés (problème V).. 32

   Étant donnée une surface, placer un point sur cette surface.... 33

4. Rabattement d'un point et d'une droite situés dans un plan, autour de la trace horizontale de ce plan (problème VI)......... *ib.*

5. Abaisser d'un point de l'espace une perpendiculaire sur une droite, et trouver la longueur de cette perpendiculaire (problème VII). 35

6. Rabattre sur le plan horizontal deux droites qui se coupent, le rabattement s'opérant autour de la trace horizontale du plan de ces droites (problème VIII)....... 36

PLANCHE 2.

FIGURE 7. Par trois points donnés, faire passer un cercle dont on demande le centre et le rayon (problème IX)................. 37

8. Trouver l'intersection de deux plans donnés par leurs traces (problème X)... 39

9. Trouver l'intersection de deux plans dont les traces verticales sont parallèles (problème X)............................... *ib.*

10. Trouver l'intersection de deux plans parallèles à la ligne de terre (problème X) 40

11. Point de rencontre d'une droite et d'un plan. 1re solution, en employant l'un des plans projetant la droite (problème XI)........ 41

12. Point de rencontre d'une droite et d'un plan. 2e solution, en se servant d'un plan quelconque passant par la droite donnée (problème XI). 42

PLANCHES.

Planche 3.

Pages du texte.

Figure 13. Par un point donné, conduire un plan parallèle à un plan donné. 1ʳᵉ solution par l'horizontale du plan cherché menée par le point donné (problème XII)............................... 43

14. 2ᵉ solution, en menant une droite quelconque dans le plan donné, et cherchant les traces de la parallèle à cette droite dans le plan cherché (problème XII)..................................... 44

15. Par un point, abaisser une perpendiculaire à un plan. Son pied, sa longueur (problème XIII)... 45

16. Par un point, mener un plan perpendiculaire à une droite. Point de rencontre (problème XIV) 46
Par un point, mener une perpendiculaire sur une droite (problème XIV)......... .... ib.

17. Trouver les angles d'un plan avec les plans de projection (problème XV)... 47

18. Projection de l'angle de deux droites, cet angle et celui qu'elles font avec la verticale au point d'intersection étant donnés. Réduire un angle à l'horizon (problème XVI).................... 48

Planche 4.

Figure 19. Trouver l'angle de deux droites qui se coupent (problème XVII)... 49

20. Trouver l'angle de deux plans (problème XIX).... 51

21 bis. Trouver la plus courte distance de deux droites. Perspective des constructions (problème XX).......................... . 52

21. Trouver la plus courte distance de deux droites. Épure......... ib.

Planche 5.

Figure 22. Trouver l'angle d'une droite et d'un plan (problème XXXI) 75

23. Trouver la plus courte distance de deux droites, l'une d'elles étant verticale (problème XXXII)............... 76

24. Trouver l'intersection de deux plans qui se coupent en un point de la ligne de terre (problème XXXIII)...................... 77

25. Trouver l'intersection de deux plans dont les traces horizontales ne se coupent pas sur l'épure (problème XXXIII)............. 78

26. Angle de deux droites dont l'une est parallèle à la ligne de terre (problème XXXIV).. .... ib.

27. Trouver l'angle de deux plans dont les traces se rencontrent sur la ligne de terre et sont pour chacun d'eux en ligne droite après le rabattement (problème XXXV)........................... 79

Planche 6.

Figure 28. Réduire un angle à l'horizon, l'un des côtés de l'angle étant horizontal (problème XXXVI)....................... 80

29. Par un point donné, mener un plan qui fasse des angles donnés avec les plans de projection (problème XXXVII).............. 81

Pages du texte.

FIGURE 30. Trouver la plus courte distance entre une droite quelconque et la ligne de terre (problème XXXVIII)............... 83

31. Par un point donné, mener une droite qui fasse des angles donnés avec les plans de projection (problème XXXIX)............... *ib.*

32. Les trois faces d'un angle solide trièdre étant données, trouver les angles dièdres de ce trièdre (problème XXI)................... 54

34. Construire un angle solide trièdre dont on donne deux faces et l'angle dièdre opposé à l'une d'elles (problème XXIII).....:..... 58

PLANCHE 7.

FIGURE 33. Construire un trièdre connaissant deux faces et l'angle dièdre compris par ces deux faces (problème XXII)............. 56

35. Faire passer une sphère par quatre points donnés. Sphère circonscrite à un tétraèdre (problème XXIV)...................... 61

36. Inscrire une sphère dans un tétraèdre (problème XXV).......... 65

PLANCHE 8.

FIGURE 37. Par un point donné dans l'espace, mener un plan tangent à un cylindre (problème II)................................ 138

Trouver l'intersection d'un cylindre oblique avec le plan vertical de projection (problème V)............................. 139

38. Mener un plan tangent à un cylindre parallèlement à une droite donnée (problème III)............................ 140

PLANCHE 9.

FIGURE 39. Plan tangent au cône par un point pris sur la surface de ce cône (problème VII)................... 143

Intersection du cône avec le plan vertical de projection. 144

40. Plans tangents au cône menés parallèlement à une droite donnée (problème IX).... 146

PLANCHE 10.

FIGURE 41. Par un point donné sur une surface de révolution, mener un plan tangent à cette surface (problème XIV)............... 153

1re *solution.* — Par le point on mène la tangente au méridien et la tangente au parallèle.............................. 155

2e *solution.* — Par le point on conduit la normale à la génératrice méridienne... 156

PLANCHE 11.

FIGURE 42. Intersection d'un cylindre droit vertical à base circulaire, et d'un plan perpendiculaire au plan vertical de projection (problème I)... 93

Pages du texte

FIGURE 42. Rabattement de cette intersection sur un plan parallèle au plan horizontal,.. 94
Par un point donné de l'intersection d'un cylindre et d'un plan, mener une tangente à cette intersection (problème V).. 142
43. Développement du cylindre droit à base circulaire et à génératrices verticales. Transformée de l'intersection de ce cylindre et d'un plan. Tangente à cette transformée en l'un de ses points (problème I)... 179

PLANCHE 12.

FIGURE 44. Section d'un cône droit par un plan perpendiculaire au plan vertical de projection, ce plan rencontrant toutes les arêtes sur une seule nappe (problème II)........................... 95
Rabattement de la section sur le plan vertical de projection. Tangente à la courbe d'intersection (problème X) 147
45. Développement d'un cône droit à base circulaire. Transformée de la courbe d'intersection de ce cône avec un plan perpendiculaire au plan vertical, la courbe d'intersection étant une courbe fermée. Tangente à la transformée en un point donné (problème V)..... 186

PLANCHE 13.

FIGURE 46. Section d'un cône droit par un plan perpendiculaire au plan vertical de projection, ce plan coupant les deux nappes du cône (problème II).................................. 95
Rabattement sur le plan vertical de la courbe à deux branches infinies (hyperbole). Tangentes à cette courbe en des points situés à l'infini (asymptotes) (problème X).................... 148
47. Développement d'un cône droit à base circulaire, et transformée de la courbe plane à branches infinies placée sur ce cône. Position des asymptotes après le développement (problème VI)..... 190

PLANCHE 14.

FIGURE 48. Intersection de deux cônes dont la base de l'un est enveloppée par la base de l'autre (problème III)....... 98
Tangente en un point donné de l'intersection de deux cônes (problème XII)... 149
48. Développer le cône à base elliptique dont le sommet est s, s'. Trouver la transformée de la courbe d'intersection des deux cônes donnés ainsi que la tangente à la transformée de cette courbe menée par le point d, d' (problème VII)............... 191

PLANCHE 15.

FIGURE 49. Intersection d'une sphère et d'un cône à base elliptique, le sommet de ce cône étant situé au centre de la sphère (problème IV).. 103

PLANCHE 16.

Pages du texte.

FIGURE 50. Intersection de deux cylindres. Courbe d'arrachement (pro-
blème V).. 105
Tangente à l'intersection de deux cylindres, en un point de cette
intersection (problème VI)...... 143

PLANCHE 17.

FIGURE 51. Section d'un cylindre oblique par un plan perpendiculaire
à ses génératrices (section droite d'un cylindre) (problème VI).. 108
51 *bis*. Développement du cylindre oblique au moyen de la section
droite de ce cylindre. Transformée de la courbe directrice plane
et horizontale de ce cylindre oblique (problème II)............ 183

PLANCHE 18.

FIGURE 52. Intersection d'une surface de révolution par un plan per-
pendiculaire au plan vertical de projection (problème VII)..... 110
53. Intersection d'un plan et de la surface gauche de révolution en-
gendrée par une droite tournant autour d'un axe qui n'est pas
situé avec la droite génératrice dans le même plan (problème VIII). 112
Plan tangent à la surface gauche de révolution par un point pris
sur cette surface (problème XVII)......................... 160
Tangente à l'intersection d'une surface gauche de révolution et
d'un plan, par un point de cette intersection (problème XVIII). 161

PLANCHE 19.

FIGURE 54. Intersection de la surface gauche de révolution par un
plan perpendiculaire au plan vertical et rencontrant les deux
nappes. Asymptotes de cette intersection à branches infinies. Ra-
battement de la courbe à branches infinies et de ses asymptotes,
sur le plan vertical (problème XIX)......................... 162

PLANCHE 20.

FIGURE. 55. Intersection de deux surfaces de révolution dont les
axes se coupent et dont les méridiens sont donnés (problème IX). 117
Tangente à la courbe d'intersection de deux surfaces de révolu-
tion, en un point de cette courbe (problème XX)............ 163

PLANCHE 21.

FIGURE 56. Pénétration de deux surfaces coniques. Courbe d'entrée et
courbe de sortie (problème III)........... 98
Tangente à la courbe de sortie en un point donné (problème XII). 149

PLANCHE 22.

Pages du texte.

FIGURE 57. Plans tangents à la sphère, menés par une droite donnée (problème XVI).. 158
Le centre de la sphère est sur la ligne de terre. On mène à la sphère deux cônes tangents ayant pour sommets, l'un la trace horizontale, l'autre la trace verticale de la droite.

58. Points de contact des plans tangents menés à un ellipsoïde de révolution par une droite donnée (problème XXIV)............ 169
On cherche les points d'intersection des courbes de contact de deux cônes tangents ayant leurs sommets sur la droite.

PLANCHE 23.

FIGURE 59. Projections d'un hyperboloïde de révolution, situé d'une manière quelconque dans l'espace.
Sections de cette surface par des plans perpendiculaires à l'axe.

60. Projections d'une surface gauche de révolution ou hyperboloïde, son axe étant perpendiculaire au plan horizontal.............. 116
Deux systèmes de génératrices droites......... ....… ib.

61. Sections d'un tore par des plans parallèles au plan vertical de projection (problème XV)................................. 124

62. Courbes de contact des cylindres tangents au tore, menés parallèlement à une droite donnée (problème XXIII)................. 167

PLANCHE 24.

FIGURE 63. Intersection d'une surface de révolution et d'un cylindre de révolution dont les axes ne se rencontrent pas (problème XVI).. 126
Le procédé employé consiste à mener un plan sécant parallèle au plan horizontal et à chercher les points de rencontre des courbes auxiliaires (problème XVI). .... ib.

64. Pénétration d'une sphère par un tore dont l'axe ne rencontre pas celui de la sphère.
Les courbes d'intersection s'obtiennent comme dans le problème précédent, au moyen de sections faites par des plans auxiliaires, parallèles au plan vertical de projection.

PLANCHE 25.

FIGURE 65. Raccordement des surfaces gauches. Théorème.......... 205

66. Hyperboloïde à une nappe, détermination des génératrices...... 202

67. Surface gauche à trois directrices courbes; courbe d'erreur...... ib.

68. Conoïde à directrice droite perpendiculaire au plan directeur.
Courbe d'intersection de cette surface avec le plan vertical de projection.. ....… 203

PLANCHE 26.

FIGURE 69. Hélice tracée sur un cylindre droit à base circulaire (problème IV).. 185
Tangente à l'hélice en un point donné.

Pages du texte.

FIGURE 69 *bis*. Développement d'un cylindre droit à base circulaire et transformée de deux spires successives de l'hélice tracée sur ce cylindre (problème IV)... 185
70. Tracé et projections d'une spirale conique.

PLANCHE 27.

FIGURE 71. Ombre de la niche (problème V)........................ 225
72. Ombre d'une sphère éclairée par des rayons lumineux parallèles à une droite donnée (problème VI)........................ 230
Ombre portée par cette sphère sur le plan horizontal de projection....... .... *ib.*

PLANCHE 28.

FIGURE 73. Projections de l'épicycloïde sphérique (problème XXI)... 276
74. Perspective d'une sphère; rabattement du plan du tableau et de la figure en perspective sur le plan vertical de projection (probl. XII). 241

PLANCHE 29.

FIGURE 75. Trouver la distance des traces d'une droite située dans l'angle dièdre supérieur postérieur (problème I)............. 246
76. Distance des traces d'une droite comprise dans l'angle inférieur postérieur (problème I)..... .... *ib.*
77. Distance des traces d'une droite placée dans l'angle inférieur antérieur (problème I)... 247
78. Distance des traces d'une droite située dans un plan perpendiculaire à la ligne de terre (problème I)......................... *ib.*
79. Distance d'un point du plan vertical à la ligne de terre (probl. I). 248
80. Distance des traces d'une droite située dans l'angle supérieur postérieur, les projections de ces traces se confondant après le rabattement des plans de projection (problème I).............. ... *ib.*
81. Trouver les traces d'une droite située dans un plan perpendiculaire à la ligne de terre et déterminée par les projections de deux de ses points (problème II)..................................... *ib.*
82. Par un point donné, mener une parallèle à une droite donnée par deux de ses points, et située dans un plan perpendiculaire à la ligne de terre (problème III). 250
83. Distance d'un point de l'espace à un point pris sur le plan horizontal (problème IV)... 251
84. Distance d'un point de l'espace à un point pris sur la ligne de terre (problème IV)..................................... *ib.*
85. Sur une droite donnée, prendre une longueur donnée à partir d'un point donné (problème IV)............................... *ib.*
86. Même problème que le précédent en ramenant la droite parallèlement au plan vertical (problème IV)........................ 252

PLANCHE 30.

Pages du texte.

FIGURE 87. Comment on reconnaît si deux droites données par leurs
　　projections se coupent ou non dans l'espace (problème V). 252

88. Intersections de deux plans qui se rencontrent en un point de la
　　ligne de terre les traces de l'un des plans étant les prolongements
　　des traces de l'autre (problème VI). 255

89. Intersection de deux plans, l'un quelconque, l'autre passant par la
　　ligne de terre et un point donné (problème VI). 256

90. Intersection de deux plans parallèles à la ligne de terre et dont les
　　traces de noms différents se recouvrent réciproquement (probl. VI). 257

91. Intersection d'un plan parallèle à la ligne de terre et d'un plan
　　passant par la ligne de terre et un point donné (problème VI)... ib.

92. Intersection de deux plans : les traces de l'un se confondent en
　　une seule droite, l'autre est déterminé par la ligne de terre et
　　un point donné (problème VI). 258

93. Intersection de deux plans; les traces de l'un se confondent sur
　　une même droite parallèle à la ligne de terre, l'autre plan est
　　parallèle au plan vertical de projection (problème VI). 259

PLANCHE 31.

FIGURE 94. Projections de l'angle trièdre dans l'espace (problème XVI). 269
　　On donne deux droites et l'angle qu'elles font entre elles; on de-
　　mande de mener par leur point d'intersection une droite qui
　　fasse avec les deux droites données des angles égaux à des
　　angles donnés. . . . . ib.

PLANCHE 32.

FIGURE 95. Bissectrice de l'angle de deux droites dont l'une est située
　　dans un plan perpendiculaire à la ligne de terre (problème IX). . 264

96. Plan bissecteur de l'angle de deux plans dont l'un passe par la ligne
　　de terre et un point donné (problème X). 265

97. Bissectrice de l'angle de deux droites dont les traces ne se trou-
　　vent pas dans les limites de l'épure (problème IX). . . . . ib.

98. Projections d'un cercle passant par trois points donnés, les limites
　　de l'épure ne permettant pas de déterminer immédiatement les
　　traces du plan des trois points (problème XIV). 268

FIN DE LA TABLE DES FIGURES

BIBLIOTHÈQUE NATIONALE · IMPR. · R. F.

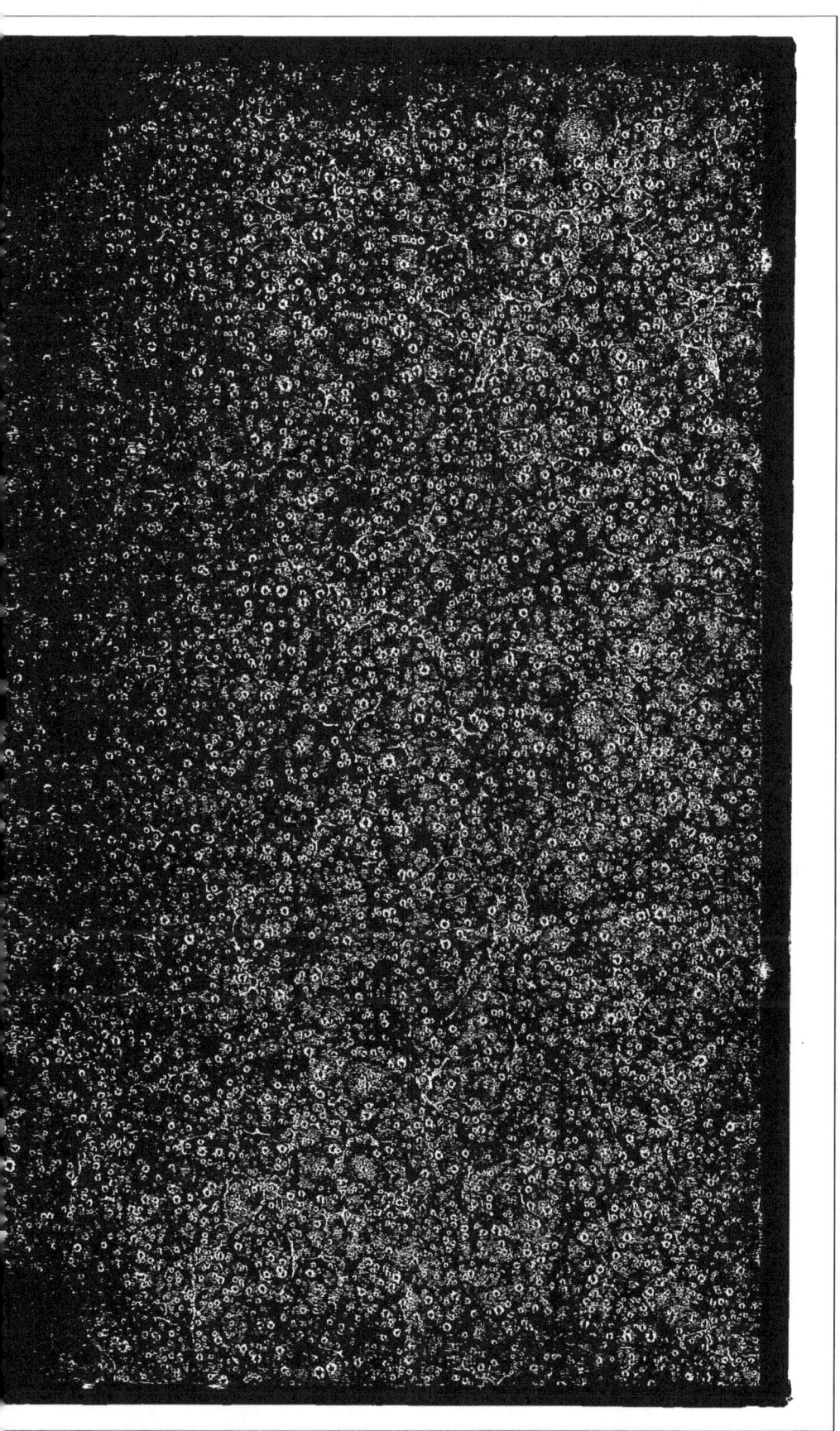

3 7511 0059896 1

BIBLIOTHEQUE NATIONALE DE FRANCE

www.ingramcontent.com/pod-product-compliance
Lightning Source LLC
Chambersburg PA
CBHW032312210326
41520CB00047B/2987